DE

L'HYBRIDITÉ

DANS LES PLANTES ET LES ANIMAUX.

DE
L'HYBRIDITÉ

DANS LES PLANTES ET LES ANIMAUX ;

par

N. C. SERINGE.

(LU A LA SOCIÉTÉ LINNÉENNE DE LYON, LE 15 JUIN 1835.)

Les nombreuses analogies qui existent entre les deux grandes séries des êtres organisés, se sont aussi confirmées dans la fécondation, et peu d'observateurs doutent aujourd'hui que cette fonction n'existe aussi dans les plantes. Les animaux nous offrent, plus rarement que les plantes, l'occasion de faire des observations à cet égard. Nous connaissons encore assez mal les mœurs des animaux sauvages ; mais il est probable que les deux sexes se recherchent, surtout à des époques plus ou moins fixes, pour céder à leurs désirs, sans avoir besoin d'y satisfaire au moyen d'espèces voisines.

Dans l'esclavage, au contraire, non seulement la

réunion d'espèces du même genre se présente rarement, mais les animaux sont dans une contrainte presque continuelle ; ce qui est un obstacle de plus à leur
accouplement ; et lors même que cette rencontre aurait
lieu, il se pourrait qu'il y eût antipathie entre les individus. L'impression morale, toute puissante dans les
animaux, n'existant pas dans les plantes, les chances
d'hybridité sont donc nécessairement plus rares dans
les premiers.

Chaque fleur offre le plus souvent des étamines et
des carpels réunis, et peut être nommée alors *anthé-
rocarpellée* (hermaphrodite) ; d'autres se réduisent à
l'un des deux organes. Celles qui ne présentent que des
étamines, sont dites *anthérées* (mâles), tandis que celles
qui manquent d'anthères se nomment *carpellées* (fe-
melles). Ces deux états de la fleur sont, ou réunis sur
la même plante, et alors cette plante est dite *monoïque*
(noyer, chataignier), ou bien tout un pied ne présente
que des fleurs anthérées, tandis qu'un autre n'a que des
fleurs carpellées. Dans ces deux dernières modifications
le vent et les insectes transportent le pollen. S'il s'en
dépose des globules sur le stygmate des fleurs de la
même espèce, ou d'espèces très analogues, la fécondation des jeunes graines peut avoir lieu.

Dans tous les cas, l'épanouissement des anthères a
lieu de manière à trouver presque nécessairement le
stygmate au degré de développement convenable pour
assurer la fécondation. Dans les fleurs anthéro-carpel-
lées, à un seul rang d'étamines, les loges des anthères
s'ouvrent successivement de la première à la dernière ;
dans celles qui présentent deux rangs, le premier s'ouvre

d'abord dans l'ordre indiqué, puis le second s'épanouit aussi dans le même ordre. Il en est de même dans les rangs d'étamines qui pourraient être plus intérieurs.

Dans les fleurs à étamines et carpels séparés, soit sur le même individu, soit sur des individus différents, les fleurs anthérées s'épanouissent les premières; l'épanouissement continue pendant la floraison de celles qui sont à carpels, et souvent se prolonge au delà. La fécondation offre donc toutes les chances possibles de réussite, tant par la succession de l'épanouissement des anthères, que par le nombre immense de globules de pollen flottants dans l'air. Malgré cela, l'hybridité est plutôt une locution qu'une vérité; car les hybrides végétaux bien constatés sont plus rares qu'on ne le pense généralement.

Dans les animaux comme dans les plantes, il faut, pour qu'elle ait lieu, que les plus grands rapports se rencontrent dans l'organisation, et nos moyens de recherches à cet égard sont encore beaucoup trop imparfaits pour pouvoir la saisir.

Les espèces susceptibles d'hybridité doivent donc se rencontrer dans les mêmes localités, ce qui est bien plus difficile pour la plante, qui ne peut se déplacer. Il faut en outre que l'époque de floraison soit la même.

Il existe sûrement moins de cas d'hybridité dans les plantes à l'état spontané, qu'on ne le dit; le plus souvent, ce ne sont que de légères modifications ou simples variations qui auront été considérées comme des hybrides.

Les différences de climat, d'époque de floraison, peuvent disparaître dans nos jardins, dans lesquels nous réunissons des plantes de tous les pays, où diverses époques de semis peuvent faire rencontrer l'époque de l'épanouissement des fleurs; mais ces chances, en apparence favorables, s'évanouissent, vu la difficulté de faire fructifier ces espèces dans nos jardins. Aussi, n'est-ce que dans nos espèces cultivées dès long-temps que nous pouvons espérer de rencontrer avec quelque certitude des hybrides; et encore plusieurs états que nous rapportons à l'hybridité sont-ils souvent dus à des effets de culture. Nos choux, nos arbres fruitiers sont probablement dans ce cas.

Je serais cependant porté à rapporter à l'hybridité les déformations nombreuses dont les cucurbitacées nous offrent de fréquents exemples; mais nous ne pouvons avoir de doute relativement à l'hybridité dans le genre *Pelargonium*, qui par cela même fait la désolation des botanistes et le lucre des jardiniers.

Linné est loin d'avoir apporté, sur ce point, la précision qui le caractérise si bien dans le plus grand nombre de cas. Non seulement il a donné le nom spécifique d'*hybride* à des plantes qu'il soupçonnait telles, sans qu'aucune observation ait été faite; mais il donnait un bien plus vaste champ aux hypothèses, en émettant l'idée que depuis la création il s'était formé (par hybridité), non seulement un grand nombre d'espèces, mais même des genres. Il a admis la formation de la *Veronica spuria* par la *V. maritima* et la *Verbena officinalis*; la *Saponaria hybrida* au moyen de la *S. officinalis* et d'une *Gentiane*. Il pensait que l'*Aquilegia Canadensis* était due à l'*A. vulgaris* et à la *Fumaria sempervirens*; que le *Villarsia nymphoides* était dû au *Menyanthes trifoliata* fécondé par le *Nuphar lutea*, etc. Henschel est allé bien plus loin encore : il a annoncé des hybrides formées par le *Polemonium cæruleum* fécondé par la Capucine ; et le *Spinacia oleracea* par le *Pinus Strobus*.

D'après de pareilles assertions, il n'est pas étonnant que des botanistes aient pu penser qu'il n'y a qu'une seule espèce de froment ou blé, et même qu'elle provient d'un *Ægylops*. Je pense, au contraire, qu'il n'y a qu'un très petit nombre d'hybrides bien constatés, et parmi eux je me garderais bien d'y placer les blés, dans lesquels je vois des espèces très distinctes. J'ai reconnu dans un cercueil de momie égyptienne les grains du *Triticum durum*, avec la forme exacte qu'il offre encore de nos jours. Chaque espèce de blé présente des variétés et des sous-variétés qu'en général je distingue facilement. Si les croisements pouvaient s'opérer dans le genre *Triticum*, il serait bien au nombre de ceux qui pourraient présenter le plus d'hybrides ; car, non seulement les espèces, mais encore les variétés auraient de nombreuses occasions de se féconder. Si cela était, les blés présenteraient le chaos des *Pelargonium* de nos jardins. Il me paraît donc vrai de dire que l'hybridité peut être facile dans un genre, et très difficile dans l'autre ; et tout en l'admettant dans les *Pelargonium*, je la crois nulle dans les blés. Beaucoup d'agriculteurs trouveront mon opinion bien hasardée ; mais je l'appuie sur ce que fort peu de botanistes, et encore bien moins d'agriculteurs, connaissent les vraies espèces de blé, et ce qui n'en est que des variétés. Ce ne sera jamais en caractérisant les espèces, comme ils le font, par la présence ou l'absence des barbes ou arètes, par la couleur des épis, leur pubescence ou leur glabréité, ni par la couleur, ou de légères modifications de forme.

Plus les cas d'hybridité bien constatés sont rares dans les animaux, plus il est nécessaire de les signaler.

On sait que le *chacal*, nommé aussi *loup doré*, *chien doré* (*canis aureus*, Linn.), appartient aux mammifères carnassiers, qu'il paraît établir le passage de la section du genre *chien* à celle qui est nommée *renard*. Il habite plusieurs contrées chaudes du globe. Quoique cet animal ne soit que de la taille du renard, avec lequel il a plus d'affinité qu'avec le chien, principalement par la forme de sa tête, l'aspect et la position de sa queue, par son cri, ses mœurs, etc., il n'en est pas moins à craindre par ses goûts carnassiers. Il joint à la férocité du loup l'astuce du renard. Sa voix consiste en une espèce de hurlement mêlé de gémissement. Il est susceptible de se familiariser jusqu'à un certain degré. Ces rapports d'organisation et de mœurs ont fait penser à quelques naturalistes que le chacal était un chien sauvage, qui, par la servitude, avait produit ce nombre considérable de races et de variétés que nous connaissons. Ce qui semblerait appuyer cette réunion d'espèces, ce serait que les chiens échappés à la servitude n'aboient plus, et que ceux que nous élevons ont cette faculté d'autant plus développée, que nous les observons au centre des sociétés.

Un militaire, venant d'Alger, en avait apporté à Lyon une jeune chacale qui n'avait qu'un mois et demi. Un serrurier du faubourg de Bresse à Lyon l'acheta. Il la laissa d'abord libre dans sa boutique; mais avec l'âge, cet animal se fit craindre, non seulement de l'homme, mais encore des chiens du voisinage; ils la fuyaient, quoiqu'ils fussent bien plus forts et plus gros qu'elle. Elle mordit plusieurs personnes. Le propriétaire en éprouva plusieurs désagréments, ce qui le força à l'enchaîner.

Cet animal, méchant même avec son maître, a cependant été en partie dompté par lui, au point de le rendre presque aussi obéissant qu'un chien : il lui donne la pate, se roule à terre, et badine très familièrement avec lui : cependant il est toujours enchaîné, et le serrurier est souvent obligé d'employer la menace. Les ouvriers de la boutique ont toujours grand soin de passer assez loin de lui, dans la crainte d'en être atteints. Cet animal, toujours très agité, répand une très forte odeur.

Ce fut avec surprise que, la troisième année, l'on vit un petit chien-loup blanc s'accoupler avec cette chacale. Ils présentèrent dans leur accouplement absolument les mêmes circonstances que les chiens entre eux. Soixante jours après, elle mit bas trois petits qui ressemblent assez à de jeunes chiens. Leur queue courte se termine insensiblement en pointe, sans offrir de poils longs et écartés ; ils présentaient (un mois après leur naissance), comme leur mère, deux espèces de poils : les uns courts, nombreux, fins, mous ; les autres beaucoup plus longs, raides et divergents. Leur regard a quelque chose de faux. L'un est mâle, complétement noir, avec les maxillaires supérieurs un peu saillants. Il offre les deux espèces de poils peu distinctes. Le second était une femelle; elle avait le museau pointu, le pelage roux, composé des deux espèces de poils déja indiquées. Elle avait été donnée à M. Gasparin ; mais elle est morte accidentellement. Le troisième, enfin, que la mère allaitait encore, ressemblait assez au précédent ; cependant il était plus foncé, d'un brun noirâtre, son museau était plus pointu.

Ces jeunes animaux étaient très vifs ; leur cri approchait de celui de leur mère, plutôt que de celui du chien ; leurs pates étaient étroites, souples, et non larges comme celles des chiens ; leurs ongles m'ont aussi paru moins forts. D'ailleurs, ils badinaient comme de jeunes chiens.

Un seul des trois jeunes métis de chacale et de chien-loup qui existaient, reste actuellement. M. Joanon-Navier, maire de Cuire, le possède. Quoique petit, il est craint de tous les chiens du voisinage : il a des goûts très voraces. M. Joanon s'est vu forcé de le tenir à l'attache ; car il tuait tous les canards et les poulets du voisinage. Il ne les mange pas à la manière des chiens : il les avale tout entiers, s'ils ne sont pas trop gros. D'ailleurs, il est caressant pour ses maîtres, mais de mauvaise garde ; il aboie fort rarement, et gratte la terre à la manière des bêtes sauvages. Il est d'une grande agilité, saute le long des murs à une grande élévation. Le second de ses frères est mort de cette manière. En juillet 1835, époque à laquelle j'ai revu celui qui appartient à M. Joanon, il était constamment tenu à la chaîne, ayant été mordu par un chien, que l'on craint d'être enragé. Cette gêne extrême pour un animal si vif le rend sombre.

Cet animal change fréquemment de pelage : il avait dernièrement des poils ras assez courts ; ceux des cuisses étaient très longs, tachetés en travers, ce qui leur donne l'aspect ondulé ; sa queue est longue et à poils assez étalés. Ses oreilles ressemblent beaucoup à celles du chien-loup ; elles ont la conque fortement dressée, ferme, et dirigée en avant. Le museau est garni de moustaches noires, formées de poils assez nombreux et raides ; ses sourcils sont proéminents ; ses yeux dénotent la méfiance et la férocité.

Lyon. Impr. de Louis Perrin , rue d'Amboise, 6.